DIY 系列

大都會文化
METROPOLITAN CULTURE

DIY 系列

大都會文化
METROPOLITAN CULTURE

路邊攤排隊美食Diy

路邊攤排隊美食 DIY >>> 序

大都會文化DIY系列叢書《路邊攤美食DIY》、《嚴選台灣小吃DIY》、《路邊攤超人氣小吃DIY》、《路邊攤紅不讓美食DIY》和《路邊攤流行冰品DIY》推出之後,獲得讀者廣大的迴響。這一次編輯部再度挑選出大家耳熟能詳,一吃再吃而欲罷不能的美食將其作法集結成冊,仔細地為讀者寫出製作步驟,探聽出美味好吃的秘訣,再請各家路邊攤老闆親自示範,讓每一道經典小吃呈現出最精緻的風貌。使你想吃卻又不想出門買時,就

可以照著本書中的詳細步驟,一步一步的做出想要的小吃,如此不僅衛生,口味還可以因人而異,隨心所欲讓你做出理想中的路邊攤美食。

路邊攤小吃對於台灣人來說就如同一起長大的朋友,不論是阿嬤家的蚵嗲、蚵仔煎,還是巷口老少咸宜的珍珠奶茶、米粉湯等等,各式各項充斥在生活周遭的小吃,都有你我的故事,而它們也像是永遠都不會關門的7-11一般,為我們的生活增添了方便與樂趣。而如此傳統的美味,也是許多出國的遊子們所心繫而念念不忘的家鄉味。

近年來經濟不景氣，薪水不漲，物價卻越來越高，致使荷包扁扁，間接影響到許多人的日常生活，連外出吃個自助餐，夾沒幾樣菜，就要花掉50元甚至更多，而這一餐，可能對許多清苦人士來說可是吃得很沈重啊！在買什麼都貴的情況之下，要怎樣省錢呢？當然還是自己動手做最划算，像是外面一碗賣將近100元的麻油雞，小小一碗就要30元的甜不辣，只要自己肯在家動手DIY，成本根本不到一半，不但解嘴饞還吃得盡興，最重要的是動手做又可和家人培養感情，省下大筆鈔票，何樂而不為？

《路邊攤排隊美食DIY》這一次為各位喜歡動手做美食老饕們精選了許多超人氣小吃，包括珍珠奶茶、大腸包小腸、鱔魚意麵、魷魚羹、豬血湯、麻油雞、蚵嗲與米粉湯等等。道道料理全都由老闆們親自示範，不藏私地將好吃訣竅與秘方通通告訴你，讓讀者們在家也可以做出美味可口的小吃，不必忍受的風吹、雨打、日曬，辛苦排隊的等待。所以只要按圖索驥，花點心思與時間，就能做出既衛生又營養的道地料理，享受生活中DIY的樂趣！

目錄 | CONTENTS

44 臭豆腐

台灣的國民小吃——臭豆腐，美味的特點在於味道新奇，但卻膾炙人口，吃起來具有開胃、增進食慾之功效。許多人從剛開始的掩鼻而過，到後來變成欲罷不能，可見臭豆腐的確有它過人的吸引力。

52 米粉湯

台灣的米粉湯多以豬大骨、豬雜、油蔥、蝦米或芋頭等食材來料理。豬大骨熬製的濃郁湯頭，加上吸飽湯汁的米粉，同時搭配各類豬雜或海鮮小菜一起食用，這種單純的美味是許多老饕的最愛。

58 大腸麵線

傳統的台灣小吃中，大腸麵線算是最普遍，也最具代表性的食物，不論是當點心或者是正餐，都是不錯的選擇。美味的麵線，料要夠多夠新鮮，尤其大腸更要有嚼勁！接著搭配香菜，或蒜茸醬油、醋，還要一點點辣椒來點綴。

82 珍珠奶茶

早期的珍珠奶茶誕生於泡沫紅茶店，多半強調奶茶必須新鮮現搖。不過自從連鎖式的茶飲店出現後，不少連鎖店會事先調好奶茶，待客人點購時再加入粉圓搖勻。然而，這種事先調好的口味與傳統現搖的奶茶會有落差。

64 甜不辣

甜不辣也就是日本的天婦羅，在南部地區又叫做黑輪。天婦羅的意思是為了以較快的速度取得可充飢的食品，所發展出來的食材料理方式。當它飄洋過海傳至臺灣後，音譯成為甜不辣，同時發展出了不同的料理方式。

70 蚵嗲

蚵嗲是一道沿海地區的平民美食，走遍西海岸，很難不發現它的存在。香酥的外皮，搭配脆甜的菜餡、肥美的鮮蚵，再淋上特製的油膏，很容易一口接一口，一次連吃三個也不過癮。

76 豬血湯

豬血湯算是台灣傳統小吃中，相當具特色的一道路邊攤美食。它不只好吃，其營養更是所向披靡。食用豬血可防治缺鐵性貧血，而豬血中還含有一定量的卵磷脂，對防治老年性痴呆也很有好處。

蚵仔麵線

傳統的台灣小吃中，蚵仔／大腸麵線算是最普遍，也最具代表性的食物。對於許多台灣土生土長的人來說，很多人都是從小吃到大，不論是當點心或者是正餐，麵線都是不錯的選擇。而美味的麵線，料要夠多夠新鮮，湯頭則要用大骨熬出才濃郁好喝，而且還要有很多很多蚵仔和大腸，尤其蚵仔需顆顆飽滿，大腸更要有嚼勁！接著要搭配香菜，或蒜茸醬油、醋，還要一點點辣椒來點綴。這樣熱騰騰、香噴噴的麵線，只要花你35到40元的零錢，可真是所謂的「便宜又大碗」。

蚵仔麵線的精確由來已不可考，但據老一輩人的說法，它源自於台灣早期農業社會的麵線羹（麵線糊）。在當時，它是主婦們烹煮給農耕者的點心，而為了便利多人享用，通常將麵線煮成一大鍋，不添加任何配料，但由於沿海地區盛產蚵仔，所以便放入蚵仔來補充營養。後來麵線羹傳到各地，依據當地食材而加入不同的配料，例如大腸頭、肉羹、花枝和魷魚等等。

然而人們最讚不絕口的麵線羹，還是以加入肥大味美、肉質飽滿蘊含水分的蚵仔麵線為主。而台灣優質的蚵仔，則以西部沿海地區，尤其以嘉義東石港出產的品質最佳，許多商家也都喜愛選購此地的蚵仔作為吸引人們前來品嘗蚵仔麵線的誘因。

蚵仔麵線

◀老闆，
陳俊宏先生。

久煮不爛的手工紅麵線，配上肉質厚實的大腸頭和新鮮味美的東港蚵仔，美味盡在其中，連藝人陳鴻都多次捧場。

因為好吃，所以賺錢

陳記專業麵線

地址：臺北市和平西路三段166號
電話：02-23041979
營業時間：6:30-19:30

製作方式

蚵仔是否新鮮才是麵線的關鍵，蚵仔外觀可由顏色分辨，黑白分明，有透明光澤的就是新鮮的蚵仔，反之顏色混濁不清就不是新鮮。蝦米和油蔥酥的比例為0.8比1。但如果想加些佐料調味，可準備蒜泥和辣椒醬。

材料

（1人份的材料份量）

大骨........................適量
麵線........................1兩
蝦米........................適量
油蔥酥........................適量
大腸........................0.8兩
蚵仔........................1.5兩
香菜........................適量

前製處理

1、用魚骨和大骨熬高湯。

2、（1）大腸：用水煮30分鐘，泡入冷水、瀝乾；再次去油；滷2至3小時；剪或切斷。

　　（2）蚵仔：洗淨、加太白粉、煮熟。

製作步驟

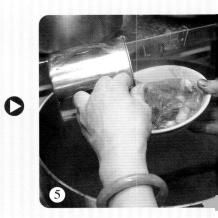

1 把麵線放入高湯煮約中20分鐘。加入蝦米、油蔥酥。

2 以太白粉勾芡。

3 盛碗，放入大腸、蚵仔和香菜少許即可。

獨 家 秘 方 ··

1. 麵線勾芡的技巧很重要，如果火候不夠，勾芡不均勻，就會造成勾芡部分和麵線分離的情況，這樣就不好吃了，成功的情況是勾芡和麵線會連在一起。

2. 若要在家自己做，大腸頭要熬得好吃，量一定要夠多，如果買的量不多，即使滷了5至6個小時，大腸頭還是不會爛，建議大腸頭乾脆買現成的。記得麵線一定要買手工的，雖然價錢比機器做的貴了一倍，但口感真的會比較香Q，也不容易煮得糊糊的。

鱔魚意麵

說到台南的特色小吃，第一個聯想到的就是鱔魚意麵。但是，你千萬別被這道外觀黑糊糊又不起眼的料理所矇騙，因為炒鱔魚的魔力目前已經延燒至「國宴」級的水準了。

說到鱔魚意麵，得先提及鱔魚。鱔魚在動物分類上屬於魚類，硬骨魚綱中的合鰓目，鱔科，呈黃褐色。通常以魚、蝦及水蟲為食，對於環境的適應力頗強。據《滇南本草》記載：「其性大補血氣，舒筋壯骨，久服肥胖。」然而，讓人意想不到的是鱔魚含有豐富的維生素A、B1、C、E，特別是在維生素A的含量上，每百克含有5000國際單位。維生素A可以增進視力，促進皮膜的新陳代謝，所以有人說鱔魚是眼藥，所以過去患眼疾的人，都知道吃鱔魚有好處；缺乏維生素B1則容易疲勞，食欲不振；維生素E則有預防成人病、延緩衰老的作用。另外，鱔魚脂肪中的DHA和卵磷脂含量也很豐富。卵磷脂是構成器官組織細胞膜的主要成份，是腦細胞不可缺少的營養素。

鱔魚意麵除了鱔魚外，勾芡和以猛火快炒的功夫相當重要。由於勾芡炒出來的鱔魚口味較甜，若不喜歡太甜的口味，則可以選擇乾炒鱔魚的吃法。另外在鱔魚的處理過程上，多加了一道浸泡在鹼性溶液的手續，會讓鱔魚吃起來更有爽脆的口感。至於自製的意麵又是另一項獨門功夫，以麵粉加蛋不加水製成，口感實在，而入油鍋後炸出來的麵體較大，炒起來不易散開。通常炒後經過悶熱，吃起來甘甜柔韌，更是別具一番風味。

鱔魚意麵

◀ 老闆娘，
陳麗花小姐。

炒鱔魚最重要的就是要處理到沒有魚腥味，另外配料也是重要原因，加入多少比例的醋、糖、蕃薯粉、米酒、蔥、辣椒，怎樣的火候、多少的勾芡，都是一門獨門學問。

因為好吃，所以賺錢

台南進福炒鱔魚專家

地址：台南市府前路一段46號

電話：(06)227-5519

營業時間：上午11:00～凌晨2:30

🍴 製作方式

　　台灣各地都有賣鱔魚意麵的攤販，其好滋味更是不在話下，但屢次到台南玩的你為何只獨鍾此味？跟著大廚親自做一次你就知道囉！

材料

鱔魚.........................1份
麵.........................1份
大骨高湯....................一杓
配料（含醋、糖、蕃薯粉、蔥、辣椒、蒜頭、米酒）..........各少許

前製處理

　　先行料理鱔魚。從魚販處購得的鱔魚，得先在清水中養個一、兩天，等到它吐出泥的味道之後，再以短鑽穿過魚頭、把鱔魚固定在木板上，接下來如何下刀，可就是門大學問！但可請魚販負責處理鱔魚，以節省時間。

鱔魚意麵

1　先以大火熱油，再將處理好的鱔魚，快速倒入鍋裡爆炒。這道程序非常重要，若是溫度不夠，油不夠熱，鱔魚肯定軟趴趴的。

2　記得加點米酒去腥，讓鱔魚在炒鍋裡翻騰一下，鱔魚的口感會更讚。

3　緊接著放入配料和高湯。

4　最後，再把意麵放進去，讓它和料充分翻炒攪拌，一道熱氣騰騰，口感十足的鱔魚意麵就可上桌。

獨家秘方

若想在家自己處理鱔魚的話，使用的湯頭務必用大骨先熬過，湯汁才會鮮美。另一項重要因素是火候，當火不夠烈時，炒出來的鱔魚會軟軟的，吃起來完全沒有爽脆的嚼勁。雖然家中的瓦斯爐並不如外頭做生意專用的爐火，但仍記得要大火快炒，才能達到外面店家的水準。另外，要買加蛋不加水的意麵，一旦入油鍋後炸出來，再加入快炒後的鱔魚配料，麵體才會爽脆好吃。

麻油雞

天冷來碗熱騰騰的麻油雞絕對是保暖、進補的第一選擇，所以常常可以在電視上看到老闆們在寒冬中，從早到晚大火快炒雞肉而炒到手腕扭傷的有趣新聞，由此可見麻油雞的魅力。

談麻油雞的吸引力，不得不從麻油說起。芝麻油（麻油、香油）屬於食用油的一種，以芝麻為原料提煉製成。純芝麻油氣味濃香、常呈淡紅色或紅中帶黃，故稱「香油」。由於原料價格昂貴，所以常和其他食用植物油按比例混合調配，調配比例沒有規定，但純芝麻油所占比例常超過10％，上乘的麻油通常含純芝麻油比例較高。作為重要得食品調料之一，麻油常作為湯味或冷盤調味料，或直接淋撒在菜餚上增加香味，是烹調中不可少的調料之一。

麻油在中醫裡有這樣的記載：「甘平，益肝腎，潤五臟，填精髓，堅筋骨，明耳目，耐饑渴，烏鬚髮，利大小便，產婦易便秘，療風淫癱瘓，可治婦女月內風，產婦感冒，療瘡止痛，滑胎，收縮子宮、排除惡露。」然而，早在唐朝的《食療本草》中，也有關於麻油雞的記載，上頭寫道：「取雞一隻，洗滌乾淨，與烏麻油二升熬香，放油酒中浸一宿，飲之，令新產婦肥白。」由此可見中醫對麻油的記載是針對產婦而言，而中國傳統的坐月子食補裡，麻油也在其中，這也是為何坐月子的女性餐餐幾乎都要吃麻油雞的原因。

麻油雞

我來介紹

◀ 老闆，
　　曾國龍先生

　　雞肉用的是當日現宰的半土雞，嚼感結實不鬆軟，麻油用的是上等香純的黑麻油，所以口味獨特。

因為好吃，所以賺錢

曾家麻油雞

地址：台北市景美街15號對面（景美夜市）
電話：0911208205
營業時間：16:00-00:00

製作方式

材料

（5人份的材料份量）
半土雞................................半隻或1隻
麻油.....................................5大匙
老薑.....................................1大塊
米酒（忌用料理米酒）
.........................（40度純米酒）3/4大匙

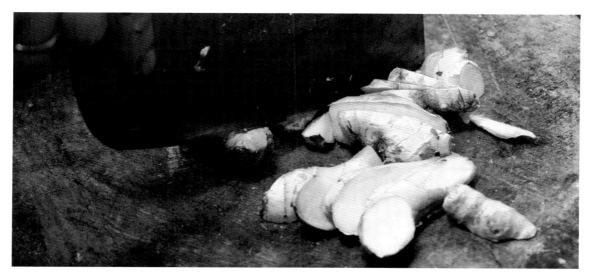

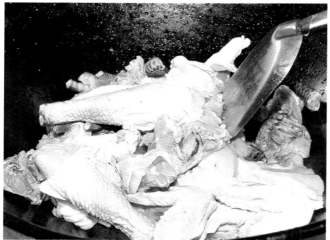

前製處理

1、把食品洗乾淨。
2、將薑片切好。

麻油雞

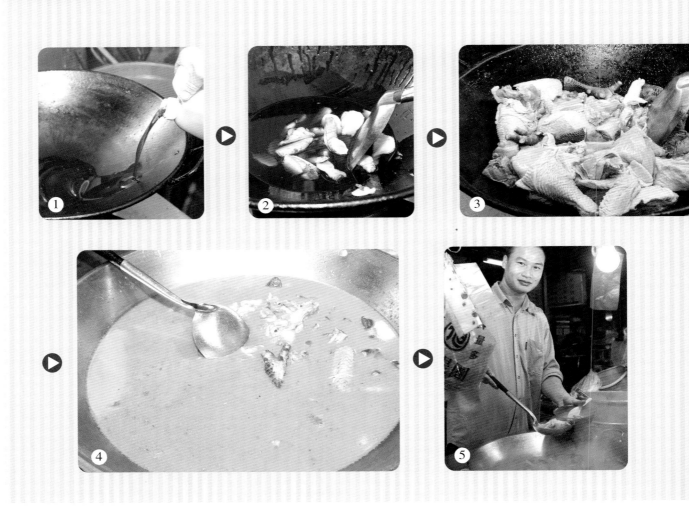

1 倒麻油加熱。

3 加水大火滾5分鐘。

2 將切好的薑片放入爆薑、放生雞肉熱炒5分鐘。

4 倒入全部米酒，加熱5分鐘就可以吃了。

獨 家 秘 方

1. 麻油雞要好吃，雞肉要用當日現宰的半土雞，麻油則用上等香純的黑麻油，此外再加上用老薑快火炒出來，和家中細火慢燉的製作方式不同，如此口味才會獨特。

2. 若要在家裡料理出好吃的麻油雞其實並不容易，主要是因為家中很少一次煮10隻雞，大鍋煮出來的美味是一般家庭無法比的，很多人現場看老闆烹煮都覺得很簡單，但回家煮出來的就是沒有外面賣的好吃，不過讀者們還是可以動手做做看。

路邊攤排隊美食 DIY 麻油雞

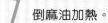

大腸包小腸

台灣向來是小吃的天堂，逛遍各大夜市或小吃街，你應該對大腸包小腸不陌生。大腸包小腸風行已久，許多台商或海外遊子回到台灣必嚐的就是這道和美式熱狗堡有異曲同工之妙的特殊小吃。

說穿了，大腸包小腸就是將體積較大的糯米腸切開之後，再夾住體積較小的台式香腸，便成為「大腸包小腸」。除了單純的糯米腸夾住台式香腸外，某些地區的夜市也會提供「豪華版」的大腸包小腸。所謂的「豪華版」，就是還會額外加上各種配料，如黑胡椒醬、花生粉、酸菜、香菜、蒜苗、九層塔等，藉此創造更豐富的口味及口感。

一般而言，糯米腸的吃法很多元。早期糯米腸都以蒸煮為主，熟透之後切開成為若干小片，再沾甜辣醬或醬油膏食用。但在大腸包小腸流行後，糯米腸又被賦予新生命，扮演美式熱狗中的麵包角色，經過炭烤之後切開，夾入台式香腸。後來隨著鹽酥雞攤位興起，糯米腸也經常油炸後再切片食用。

而香腸是用碎肉、香料等填入豬腸製成的食品，是一種非常古老的食物生產和肉食保存技術。在古代，香腸是將動物的腸子洗淨後當成腸衣，再將絞碎的肉塞進裡頭製成不同長短粗細的長圓柱管狀，但現在大都改用多糖纖維素腸衣或人造腸衣以代替用動物的腸子。香腸可經由熱煮或煙燻得以保存。不過由於香腸含大量的肉類、脂肪、鹽，或者防腐劑、色素，所以多吃對健康無益。

大腸包小腸

◀老闆一家人

逛街逛到沒時間吃東西，此時大腸包小腸會是最佳的選擇，美味可口又營養，邊走邊吃又不麻煩。

因為好吃，所以賺錢

雪中紅大腸包小腸

地址：台北市松山路119巷（中坡公園）
營業時間：14:30-24:00
電話：0935168772

製作方式

好吃的香腸要用豬的後腿肉灌製，糯米大腸則是糯米和在來米以1比1的比例製成，這樣的比例才不會讓米腸太硬。除了兩樣主食外，夾在其中的配料也不能含糊，酸菜、蒜苗、香菜、花生粉、蘿蔔乾、甜薑片都要用心處理。

材料

（1人份的材料份量）

糯米	1兩
在來米	1兩
豬後腿肉	2.1兩
酸菜	適量
蒜苗	適量
香菜	少許
花生粉（未加糖）	適量
蘿蔔乾	適量
甜薑片	適量

前製處理

1、米腸以糯米和在來米1比1的比例灌製。
2、香腸以醃製後的豬後腿肉灌製。
3、酸菜與蘿蔔乾切段要用糖炒過；花生粉拌糖。
4、清洗香菜；醃製薑片。

大腸包小腸

1 烤香腸、加熱米腸。

3 加入客人指定的配菜，在放入香腸。

2 剪開米腸，添加醬汁。

4 打包完成。

獨 家 祕 方

1. 由於配料很多，爲了不讓口味太混雜，酸菜和蘿蔔乾都要先用糖炒過，才不會因太酸或太鹹，破壞了整體口味的協調性。

2. 若在家要DIY，可以買香腸回家自己烤，若要問有什麼技巧？那就是買品質好的香腸，而在烤香腸時什麼醬都不必加，因爲香腸裡的肉已經是經過特別醃製的，再加上其他烤肉醬，反而會破壞香腸的味道。

四神湯

四神湯中的四神指的是薏仁、淮山、蓮子、芡實四種材料,是屬性溫和的中材藥。其中含有豐富纖維質,能幫助腸胃蠕動、補脾益氣、健胃、止瀉,對胃腸消化有極大的益處,經常食用不但可以養身,對皮膚也相當好。當中的薏仁可健脾補肺,芡實可補脾止瀉、固腎澀精,淮山可健脾固腎,蓮子則可益腎固精、養心安神,脾胃功能不好者,也可以多吃四神湯。

四神湯乃是民間常吃的補品,是溫和平補的良方 。根據現代藥理研究,芡實含有蛋白質、維生素C、鈣、鐵、磷等豐富營養成分,可以止瀉、止夜尿。山藥含有黏液質、膽汁鹼、澱粉脢以及多量澱粉,為滋養強壯、幫助消化之良藥。蓮子則可以清心火而寧神,急性熱病或手術後體力衰弱者可用。茯苓則可增加腸胃道的吸收,並可治療腹瀉。

四神湯主要是治療食慾不好、或腸胃消化吸收不良、容易腹瀉或腹部脹滿等症狀,適合小孩子或發育成長的青少年使用。尤其小孩子在民間所謂的「轉大人」期間,家長常會為其進補,為的是幫助他們長大、長的更高更壯,但要注意的是太早進補只會使骨生長板提早癒合,那就長不高了,而四神湯此藥方可增加吸收、改善腸胃道毛病又不影響骨板提早閉合,亦可配合燉煮豬小肚、魚、或豆腐包。 若常臉色蒼白者可增加紅棗、甘草,若抵抗力不佳者可以加黃耆、人參,若是容易腹瀉者可以加白朮、陳皮等藥。另外也適合病後康復期食慾不好、營養吸收不良服用。此外,怕燥熱或易上火的朋友也可安心服用。但是懷孕的婦女,則盡量避免食用,有些人因為體質不適合,喝多容易導致流產。

四神湯

◀老闆，劉福中
先生與兒子

　　四神湯中的豬肚、豬腸等食材，都經過我們繁複的翻面、去油等多道處理手續，所以吃起來軟嫩順滑。精燉的湯頭中加入了祖傳的藥酒，順口不膩，許多人一吃便成了老顧客。

因為好吃，所以賺錢

劉記四神湯

地址：台北市南昌街二段2號巷口附近
營業時間：15：00～20：00
每月營業額：約30萬

製作方式

　　據說四神湯原名「四臣湯」，是民間誤把四臣傳為四神，以訛傳訛至今。所謂的四神指的就是中藥中的薏仁、淮山、蓮子及芡實，但也有人因為不喜歡太重的中藥味或者因為口味不同，所以也有只加入薏仁的清淡型四神湯。

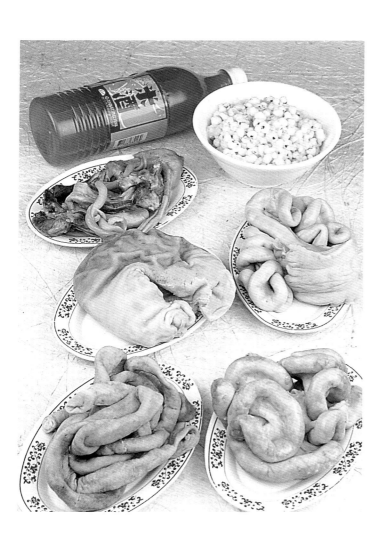

材料

1. 小腸、粉腸、生腸、小肚（視個人喜好加入材料）
2. 薏仁.....................適量
3. 米酒.....................適量

前製處理

　　高湯是使用大骨下去燉熬的。小腸、粉腸、生腸、小肚等食材，則經過多次翻面、修剪、去油等步驟，處理過後再直接放入高湯中煮熟備用。薏仁則是直接放入高湯中煮熟備用。

四神湯

1 取適量小腸剪段至碗中。

2 取適量粉腸剪段至碗中。

3 取適量生腸剪段至碗中。

4 取適量豬肚剪段至碗中。

5 加入煮熟薏仁及高湯至碗中。

6 加入適量的米酒調味，米酒要在最後做整合性調味時再加入，這樣才能將酒香發揮到極致。

7 綜合口味的四神湯，加入了
小腸、粉腸、生腸及小肚，
美味令人食指大動。

獨 家 祕 方

1. 豬肚與豬腸是兩種很難處理的食材，建議大家在處理豬肚時，豬肚由內往外
翻，可以用鹽、白醋或可樂洗淨，豬腸則可用鹽或白醋抓洗。

2. 若不想吃只有薏仁的四神湯，同樣先將豬腸除去肥油、再翻面反覆搓洗，待洗
淨後加入熱水中川燙備用。將茯苓2錢、淮山3錢、芡實5錢、薏仁5錢、蓮子3錢
等藥材及豬腸加10碗水一起入鍋燉煮，以大火煮開後再轉小火燉約2小時，待豬
肚爛透即可，如此也是一道美味的四神湯。

台灣在地的小吃當中,一定包含了「羹」類,無論是魷魚羹、香菇肉羹、羊肉羹、花枝羹、蝦仁羹、魠魠魚羹或是魚酥羹、豆簽羹,走遍各地的市場和夜市,「羹」的種類保證讓你眼花撩亂。

羹的字面意思是「用肉、菜等芍芡煮成的濃湯。」早在三國時代楚漢相爭之時,項羽以烹食劉邦之父為要脅,想迫使劉邦退兵,但劉邦不但不受脅迫,反而請項羽分他杯肉羹,於是有「分一杯羹」的成語出現。此外,古時候的妓女拒絕客人進門的方法,就是僅招待他一碗羹湯而不與之相見,所以「吃閉門羹」一詞便引伸為拒絕客人的意思。由此看來,羹的文化由來已久,如同中華文化一般多樣而豐富。

羹的做法其實不難,重點在於湯頭的熬製,還有其主要的配料。例如羊肉羹通常都會佐沙茶,而蝦仁羹則是搭配冬菜,至於香菇肉羹的重點配料就在於豬肉和香菇的品質。而比較少見的豆簽羹則是以海鮮中的虱目魚、蚵仔或花枝為基底烹煮,風味與一般常見的羹類略有不同。

而食用羹湯時常用的烏醋也有添加上的技巧。最好不要將烏醋隨著其他調味料一起下去烹煮,因為黑醋的香味會因高溫而揮發掉,使其煮到最後就只剩下酸味而以,因此烏醋時最好等到要上桌時才添加。至於醋到底是在什麼時候出現的?依照各種文獻的記載,可以發現大約出現在三千五百年前,不論是白醋或烏醋均可用來作為調味料,當然也常常使用在治療疾病上。醋是中國人發明的,在後來發現它對人體有益之後,便被大量製造,而廣泛的利用在烹飪方面。

魷魚羹

◀ 老闆，
梁嘉平先生

　　魷魚好吃、米粉香Q，地方再遠、天氣再冷都要來一碗。

因為好吃，所以賺錢

西門町魷魚平

地址：臺北市康定路2號
電話：23313394
營業時間：9：30—21：00

製作方式

材料

（3人份的材料份量）		金針	適量
阿根廷魷魚	10兩	金針菇	適量
菜頭	適量	九層塔	適量
竹筍	適量	香菇	適量
木耳	適量	香菜	適量

前製處理

1、將菜頭、竹筍、香菜等食材經過篩選、清洗、切段等處理。
2、將香菇、木耳、金針等食材皆經過篩選、清洗、浸泡等處理，浸泡時間依食材不同。
3、魷魚泡水12小時，去掉腥味，用電扇吹乾、冷藏。
4、用四種魚肉和魷魚做成魷魚羹。
5、將買回的市售醋調味。

魷魚羹

製作步驟

1

2

3

4

5

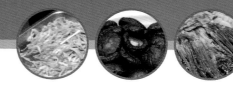

1 所有食材先一起下鍋熬煮約4小時。

2 魷魚羹從冰箱取出,燙過後,加入湯中。

3 舀起一碗魷魚羹,加上調製好的醋調味。

獨 家 祕 方

1. 魷魚用阿根廷進口的;竹筍只取最脆的中段部分,頭尾都不用;金針一定要用「曬乾」的,不能用烘乾的,曬乾的金針才能保留住金針的甜味;大陸香菇好看但不好吃,因此一定要用台灣香菇。

2. 魷魚羹的魚漿並不是由單一的魚種製成,而是包含鯊魚、旗魚等其他四種魚肉混合而成,因此口感特別不同。

3. 若要在家DIY,基本上只要準備好上述的材料,同時找一家可靠的店家,買用好的魚漿做出的魷魚羹。雖然不會和店裡由四種魚肉做出的魷魚羹一樣,但至少品質比較可靠。

臭豆腐的由來傳說是在清康熙八年（西元1669年），安徽仙源縣赴京趕考的舉人王致和因落榜，困居在當時的安徽會館。王幼年曾在父親開設的豆腐作坊學過手藝，為了維持生計好繼續唸書，以求得功名，便在會館附近租了幾間房子，每天磨豆子做成豆腐沿街叫賣。有一次，豆腐做了太多而沒有賣完，又值夏季，如不及時處理就會發霉變質。他苦思對策，忽然想起家鄉用豆腐做腐乳的方法，於是決定試一試。從未做過腐乳的王致和靈機一動，找了一個罎子，將剩下的豆腐切成小塊，一層層地抹好，用鹽醃製起來。

後來他專心唸書，慢慢淡忘此事。直到秋天，王致和又重操舊業，這才想起那罎醃製的豆腐。他急忙打開罎蓋，一股臭氣撲鼻而來。取出一看，發現豆腐已呈青灰色，但嚐起來滋味卻非常鮮美，接著他便送給鄰居品嚐，大家也都稱讚不已。於是，一傳十，十傳百，「王致和」臭豆腐在民間逐漸流傳開來。到了清朝末年，臭豆腐傳入宮中，許多太監也愛上這樣的美食，甚至將臭豆腐列為「御膳」小菜之一。後來因為臭豆腐的名稱聽起來不雅，於是皇上就賜一名為「青方」。

臭豆腐的特點在於它的味道新奇，但卻膾炙人口，吃起來具有開胃、增進食慾之功效。許多人從剛開始的掩鼻而過，到後來變成欲罷不能，可見臭豆腐的確有它過人的吸引力。

臭豆腐通常以黃豆為原料，經過泡豆、磨漿、濾漿、點鹵、發酵、醃製、再發酵等多道程序製成。其中醃製是一個重要的關鍵，撒鹽和做料的多少將直接影響臭豆腐的質量。鹽多了，豆腐不臭；鹽少了，豆腐則過臭。臭豆腐之所以「臭」得

臭豆腐

◀老闆，
王素娥小姐

　　我的小吃攤的臭豆腐特色是外酥內軟，吃過的各個都說讚。而每天親手做的泡菜，吃起來清脆爽口，酸、辣、香、甜盡在口中，讓泡菜不再只是臭豆腐的配角，而是一道可引人食慾的美味小菜。

因為好吃，所以賺錢

東區臭豆腐

地址：台北市東區忠孝東路四段一帶
電話： (02) 8771-4288
每日營業額：1萬6千元

　　如此美味，是因為豆腐塊上繁殖了一層會產生蛋白的黴菌，它分解了蛋白質，形成了極豐富的氨基酸，這就是使臭豆腐味道鮮美的原因。而臭豆腐會產生臭味，主要是蛋白質在分解的過程中產生了硫化氫氣體所造成的。

　　泡菜可說是臭豆腐最佳伴侶。在醃製泡菜時通常會加入辣椒、蒜頭和薑等辛香料，這些用料在發酵過程中產生的成份，經過研究顯示，對減肥十分有效。其中，主要是因為辣椒內含燃燒脂肪的成份，能提高身體的代謝機能，防止脂肪囤積。當吃泡菜汗流浹背時，表示體內的脂肪正在燃燒。

　　另外，薑有助促進血液循環，而蒜頭具有促進心跳、擴張皮膚血管、維持體表溫度的功效。也就是說，即使是新陳代謝比較差、脂肪率較高的體質，只要多吃蒜頭和薑，也會提高新陳代謝效率，間接提昇辣椒的燃燒脂肪功效。

製作方式

　　美味的泡菜其實製作起來很容易，只要懂得挑選好的高麗菜，而在醃製之前記得把高麗菜的菜味及水分，利用鹽巴去除，醃製出來的高麗菜，吃起來就不會有澀澀的味道，而且還特別鮮甜爽口。而泡上冷水醃製更可以增加清脆度。

材料

（以下為15份泡菜的份量）

1. 高麗菜......................1顆
2. 紅蘿蔔......................4兩
3. 紅辣椒......................2條
4. 冰糖......................3平匙
5. 鹽......................1大匙
6. 香油......................1茶匙
7. 工研白醋..........3/4至1杯
8. 豆瓣醬......................適量
9. 味增......................適量
10. 金蘭醬油..............適量

臭豆腐

1. 泡菜：
   (1) 先將高麗菜、紅蘿蔔、辣椒洗淨切好、晾乾。
   (2) 在高麗菜裡加入鹽，用手搓揉約1小時，直到高麗菜看起來像是熟透一般，藉以去掉高麗菜本身的菜味。最後用煮過後放涼的開水，再沖洗1次。
   (3) 用比例恰當的調味料包括，冰糖2兩、鹽1大匙以及香油1茶匙，加入高麗菜及紅蘿蔔絲中扮過。
   (4) 加入切好的紅辣椒與高麗菜拌均勻。
   (5) 倒入適量的白醋醃製。
   (6) 將調味好的泡菜靜置一晚等待入味後，就可以食用了。

2. 臭豆腐：

（1）將臭豆腐所含的臭水沖洗
　　乾淨（會使臭豆腐本身的
　　臭味較淡）。

（2）將臭豆腐的水稍微瀝乾，
　　免得下鍋炸時起油泡。

3. 沾　　醬：

（1）將豆瓣醬、醬油、味噌
　　醬、冰糖按照個人喜好比
　　例調配。

（2）煮開後加入太白粉勾芡，
　　即成臭豆腐沾醬。

臭豆腐

1 先將臭豆腐丟進油溫約130度的油鍋中泡著炸。

2 待略黃時撈起備用。

3 要食用時將臭豆腐切成1/4小塊,再度下鍋炸至金黃,如蜂巢狀熟透,即可撈起。

4 加入泡菜及調味沾料、蒜泥等沾醬即可成為一盤可口的臭豆腐。

5 炸得金黃香酥的臭豆腐配上酸辣的泡菜,可謂是人間極品。

獨 家 秘 方

1. 製作韓式泡菜的方式與中式泡菜相去不遠，同樣選擇表面沒有損傷的大白菜，將葉片整片摘下放在大的容器中，撒上鹽並且略為翻拌，泡菜事先用雙手搓揉，可增加清脆度。
讓每片菜葉都沾上鹽後，靜置一個小時後，白菜葉片會變軟，再用清水沖淨表面的鹽，擠乾水份並將葉片撕成條狀備用。

2. 調味料當然少不了大量的紅辣椒、蔥、薑、大蒜、洋蔥等香辛料，另外，還可以加入乾蝦仁、鰻魚醬、生魚湯等提味，吃起來酸、甜、辛、辣，但卻沒有放醋，因為其酸味是天然生成的，放在甕裏越久酸味越重。

3. 一般說來，發酵的時間約為一個月，不過要注意的是注意，要視口味喜好酌量放入辣椒粉，以免做出太辣的韓國泡菜哦！

4. 臭豆腐種類百百種，不過炸熟後外脆內軟的口感最讚！想要炸出這樣的口感，油溫很重要，要在起鍋前開大火，這樣可以將臭豆腐內多餘的油給逼出來，吃起來口感就不會太油膩。

米粉湯

米粉，其實是稻米磨成漿製成的麵條。它的起源，有兩種說法，一是為了飲食的方便性：客人來了，洗米煮飯太慢了，米粉是熟的，煮起來方便，外出攜帶也方便。第二種說法是：史料記載五胡亂華時期，避居華南地區的漢人，懷念起北方的麵食，由於中國南方盛產稻米，因此以稻米取代麥榨條而吃。

在台灣，以新竹米粉最有名氣，而新竹城隍廟廟口的小吃攤也為人津津樂道。新竹米粉其實可以分為「水粉」和「炊粉」兩種。水粉比較粗，在製作成條狀時會用開水煮過，再泡冷水、風乾成形，因為從水中撈起來濕答答的，所以叫水粉，又叫做「粗米粉」。炊粉比較細，在製作成絲狀後會再用蒸籠蒸熱，不經風乾，直接供應新竹附近的小吃店為主，又叫做「幼米粉」或「細米粉」。

米粉湯的吃法有很多種，一般分為炒的和湯的兩種。南方各地的米粉吃法和佐料配製都不相同。例如貴州、重慶一帶的米粉相當辣，每碗米粉湯幾乎都是紅色的，而重慶合川地區居民就大都以紅湯的羊肉米粉為每日的早餐；在香港，就有星洲炒米（粉）和魚蛋米粉；在桂林，米粉有滷菜粉、湯粉兩種，另外還有牛腩粉、生菜粉和馬肉米粉等幾種。

至於我們台灣則多以豬大骨、豬雜、油蔥、蝦米或芋頭等食材來料理米粉湯。豬大骨熬製的濃郁湯頭，加上吸飽湯汁的米粉，同時搭配各類豬雜或海鮮小菜一起食用，這種單純的美味是許多老饕的最愛。

米粉湯

我來介紹

◀老闆，
胡老太太

米粉湯這裡最香濃，豬內臟更是沒話說。達官貴人、市井小民全都敗倒在美味的米粉湯下。

因為好吃，所以賺錢

通化街胡記米粉湯

地址：臺北市大安區臨江街92號之1
　　　（通化夜市）
電話：0955342611
營業時間：上午10:00—凌晨01:30

製作方式

材料

1. 豬大骨.........................數支
2. 米粉.........................1/2～1束
3. 紅蔥頭.........................適量
　　　　　　　（自己炒成油蔥酥）

4.芹菜.........................適量

5.胡椒粉.......................適量

6.豬雜.........................適量

前製處理

1、以豬大骨熬湯底。

2、將紅蔥頭炒成油蔥酥。

米粉湯

＊米粉湯

1 在大鍋高湯中加豬油。

2 米粉放入鍋中煮約15分鐘，到米粉變粗並斷成小段即可。

3 加油蔥、芹菜、灑胡椒。

＊豬雜小菜

1 挑選喜愛的豬雜小菜，放進米粉大骨湯中涮過。

2 涮好裝盤，淋上特製醬料。

3 放上香菜和薑絲，美味小菜完成。

獨 家 秘 方

1. 米粉湯吃起來會特別香濃，原因就在於大骨熬成的湯底及豬油、油蔥酥，所以老闆堅持米粉湯要香一定要加豬油。

2. 另外，特別處理的豬雜小菜也是用這鍋湯頭下去涮過，米粉湯要不好吃都難。然而，每個人的口味畢竟不同，若喜歡清淡一點的，可以用白湯沖淡掉米粉湯原本濃郁的口味。若要在家DIY，米粉要新鮮就必須現煮現吃，記得一定要放入豬油和紅蔥頭讓米粉更香濃。

大腸麵線

傳統的台灣小吃中，大腸／蚵仔麵線算是最普遍，也最具代表性的食物。對於許多台灣土生土長的人來說，很多人都是從小吃到大，不論是當點心或者是正餐，都是不錯的選擇。而美味的麵線，料要夠多夠新鮮，湯頭則要用大骨熬出才濃郁好喝，而且還要有很多很多大腸和蚵仔，尤其大腸更要有嚼勁、蚵仔則需顆顆飽滿！接著要搭配香菜，或蒜茸醬油、醋，還要一點點辣椒來點綴。這樣熱騰騰、香噴噴的麵線，只要花你35到40元的零錢，可真是所謂的「便宜又大碗」。

目前市面上的麵線有多種口味，大腸麵線、蚵仔麵線、肝腫麵線、麻油麵線等等。麵線是主體，上面的配料可就因人而異。通常外面常見的蚵仔麵線是紅麵線，而麻油麵線或家中比較常見的麵線就屬白麵線，兩者吃起來口感不一樣。

紅麵線就是拿白麵線「蒸」過之後而成。白麵線蒸過之後會變紅，Q度會減少，但是耐煮性會增加。但是現在有些不肖商人為了節省成本會直接在麵線中加入色素或醬油以達到麵線變紅的目的，還有的會加入耐煮化學藥劑，以達到耐煮的效果。也就是說完全沒有蒸的過程。

麵線一開始是手工做的。手工麵線源自於大陸福建省，大約在清朝傳到台灣，因此又稱為福州麵線，到台灣之後又發展出另一種做法，所以我們另外稱它為「本地麵線」以示區分，因此在台灣的麵線是分為「福州麵線」與「本地麵線」兩類，也分別簡稱「福州仔」與「本地仔」。

隨著工業化過程，為講求時效，利用機器切割生產的機器麵線因為可以大量生產，所以漸漸取代手工拉製。但是因為機器是用切割製作麵線並沒有像手工那樣有搓、揉、捏、擠、壓、拉、甩等繁複的手續，所以吃起來沒有手工麵線的口感和嚼勁，在價格方面當然也比較不便宜。

大腸麵線

我來介紹

◀ 老闆，
顏東益先生

　　大骨熬成的湯底，讓高湯十
分爽口鮮美。麵線裡的大腸是和
麵線一起煮的，和大部分店家將
滷大腸另外加上的口感不同，所
以味道和麵線更能融合。

因為好吃，所以賺錢

饒河街東發號

地址：台北市松山區饒河街94號
　　　（饒河街夜市）
電話：02-27695739
營業時間：上午8：30～凌晨1：00

　　麵線原本的佐料是大腸和蚵仔，大腸是在煮麵線時
就已經加入，若想添加蚵仔，則是要等到麵線裝碗時再
放入。當然，也可以搭肉羹，自己在家做可以依自己的
需求。

製作方式

材料

（5-10人份的材料份量）

1. 大骨.........................1/2-1副
2. 麵線.........................1斤
3. 金鈎蝦.......................1-2兩
4. 大腸頭.......................適量
5. 香菜.........................少許

前製處理

1、以大骨熬湯作為湯底。

2、將買來的大腸頭清洗過再切段、氽燙去味，冷水浸泡。

3、麵線切成牙籤般大小的長度。

4、若需加蚵仔，則要用鹽水洗3-4遍，氽燙去味，加太白粉定型、煮熟、冷水浸泡。

大腸麵線

1 將大骨湯舀入鍋中,加上醬油膏作色。

2 將金鉤蝦及調味粉(如鰹魚粉、柴魚粉、鮮雞粉)放入鍋中。

3 將切好的大腸放入滾的高湯中約10分鐘。

4 將麵線倒入,待麵線在水面上呈現彎曲狀浮起時即可。

5 若需要蚵仔,在盛碗後再添加。

獨 家 祕 方

1. 若要在家DIY,記得大腸要多次清洗、切段,再經過汆燙去味、過冷水。另外,只要有好湯頭麵線通常就能有好滋味。

2. 在家處理時如果能以豬大骨湯加上雞湯一起當做湯底,味道便會很鮮美。最後,麵線如果不是手工製,則千萬不能煮太久,以免過於軟爛。

甜不辣

甜不辣也就是日本的天婦羅，在南部地區又叫做黑輪。天婦羅的意思是為了以較快的速度取得可充飢的食品，所以使用油炸的料理方式來處理食材。葡萄牙人在大齋期時，通常是禁止吃肉的，於是就改吃魚代替。當葡萄牙傳教士在日本傳教時，為了吸收更多信徒，而將製作好的魚漿料理擺在寺廟前，口中高喊「Temple（寺廟）」，經過日本人的口耳相傳而演變為「Tempure（天婦羅）」。

而早期魚漿料裡的製作原理，是人類為了保存捕獲的魚，而發展出以鹽醃漬的方式，製成鹹魚；或是取下魚肉，加以洗淨、脫水、加鹽、捶打，製成魚漿，並從而研發出各式各樣的相關產品，像是魚丸、魚板、肉羹、甜不辣等。

最初在製作這些魚漿料理時，加入鹽是為了增加魚漿的彈性鮮美，不過要達到長期保存的效果仍十分有限，所以在製作的過程中，還必需適當的加熱與冷卻。由於魚漿的鮮甜美味，加上其方便保存的特性，使得它很快地成為超人氣小吃。

而日本的天婦羅有兩種含義，一是將食材沾裹麵衣，下鍋油炸而成的食物；另一種則是將魚肉打成魚漿後，再將其塑型，下鍋油炸成的食物。

天婦羅飄洋過海傳至臺灣後，音譯成為甜不辣，並發展出其他料理方式。例如以高湯熬煮的關東煮料理方式，或是以油炸產生出酥脆的口感來食用。

甜不辣

◀老闆，
郭大誠先生。

　　透過媒體雜誌的介紹，知名度已經打開，加上緊臨華西街夜市，許多來自世界各地的觀光客吃過後也都大力推薦。

因為好吃，所以賺錢

頂級甜不辣

營業地點：萬華廣州街與梧州街交叉叉口
　　　　　（華西街觀光夜市旁）
營業時間：2:00PM～12:00AM
聯絡方式：（02）2302-6022

製作方式

　　台灣的甜不辣和日本的「關東煮」有些相似，而濃郁的湯頭、鮮甜的甜不辣、軟而多汁的白蘿蔔、口感十足的貢丸、散發黃豆香氣的油豆腐、彈牙的豬血糕，再加上特調的甜辣醬，就是甜不辣真材實料的保證。

材料

（3-4人份）

甜不辣	半斤
白蘿蔔	2-3條
豬血糕	適量
油豆腐	適量
貢丸或魚丸	適量
大骨	適量
野菜	適量
柴魚	適量

前製處理

1.甜辣醬

（1） 在鍋中加入水半斤、在來米粉2大匙、蕃茄醬1大匙、糖3至4大匙（甜味程度視個人口味而定）、BB醬1茶匙（喜歡辣味者可加入）。

（2） 以小火煮至濃稠即可。

2.高湯

將大骨與蔬菜（如紅蘿蔔、高麗菜或洋蔥等）、柴魚放入水中熬煮，並不時攪動湯底，約1小時後即成高湯底。

3.其他配料

如甜不辣、油豆腐、豬血糕等食材，以中火加熱煮熟即可。

甜不辣

1 白蘿蔔去皮切塊煮熟。

2 將切塊的白蘿蔔加入高湯中,可增加湯頭的甜味。

3 過濾湯頭雜質。

4 將甜不辣、白蘿蔔、油豆腐、豬血糕等食材放入蘿蔔高湯中,待湯再度沸騰後即可食用。

5 取喜歡的食材放入碗中。

6 淋上沾醬。

7 完成的美味甜不辣成品。

獨家秘方

1. 甜不辣要選用上等魚漿製作的,才不會像一般普通級的甜不辣有濃厚的腥味,可找熟悉的店家訂購。

2. 至於白蘿蔔,要選用成長期45天,採收後還要等2個星期才會有好口感的白蘿蔔。

3. 其他像是貢丸、油豆腐和豬血糕,也都要選用品質上等的食材,才會有香Q的咬勁。而要製作好吃的醬料,記得要不加清水熬煮,才不容易酸壞。

蚵嗲是一道沿海地區的平民美食，走遍西海岸，很難不發現它的存在。香酥的外皮，搭配脆甜的菜餡、肥美的鮮蚵，再淋上特製的油膏，很容易一口接一口，一次連吃三個也不過癮。

蚵仔又稱牡蠣或蠔，產於海水或鹹淡水交界處，富含豐富的鐵、鈣及維生素A，據說食之有刺激性慾之效。其著名的品種有法國銅蠔、澳洲石蠔、太平洋蠔等。在西方國家多以生食為主，主要佐以檸檬汁、辣椒汁或雞尾酒。然而在台灣，蚵仔以熟食為主，料理方法也千變萬化，蚵嗲、蚵仔酥、蚵仔煎、蚵仔粥和蚵仔麵線……吃法多到讓你目不暇給。

就蚵嗲而言，常在沿海地區的路邊甚至是市場、夜市，你都可以發現它的蹤跡。傳統的作法大致是將黃豆與在來米研磨成黃豆米漿，不添加任何調味料後，用大杓鋪平在杓底，再將拌勻的菜料與鮮蚵鋪放其上，放入油炸鍋炸至金黃而成。然而用黃豆製成的米漿不易保存，所以目前市面上多以麵粉和水取代黃豆，兩者吃起來，尤其在外皮上，脆度有些許不同。

蚵嗲

我來介紹

◀ 老闆，
陳木連先生。

　　薄薄的皮，豐富的內餡，皮香餡軟，吃不完可以回鍋炸，或放入烤箱、微波爐，美味不流失。

因為好吃，所以賺錢

阿連扣仔嗲

營業時間：
每天11:00～19:00
店址：南投市大同街179號
電話：(049) 2206-665

製作方式

材料

（3到6人份）

黃豆.........................一碗
在來米.......................三碗
蚵仔.........................酌量
韭菜.........................酌量

▌前製處理

1. 先將黃豆與在來米洗淨,以三碗米一碗黃豆的比例先行浸泡,約四個小時時間,然後以研磨機研磨備用。
2. 蚵仔洗淨備用。
3. 韭菜切細,放一旁備用。

蚵嗲

1　油鍋倒入約半鍋油，開大火等油熱之後轉中火。

2　以不鏽鋼平底圓杓，撈起黃豆米漿，以湯匙均勻抹平，韭菜舖底。

3　放上蚵仔，再舖一層韭菜。

4　最後再抹上薄薄一層黃豆米漿（記得將米漿均勻抹平）。

5　然後放入油鍋油炸至金黃色澤。

6 蚵嗲撈起後瀝乾油，就可大快朵頤。

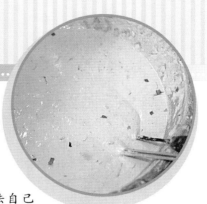

獨 家 秘 方

1. 「黃豆米漿」就是傳統「蚵嗲」的一大特色，整個製作過程中連餡料，也不添加任何調味料，樣樣以新鮮原則。

2. 若要在家DIY，不嫌麻煩的話可以比照上述方法自己做，先浸泡黃豆，再利用蔬果處理機磨漿。

3. 當然一次可以多做一些，或選擇放其他種餡料，因為自己做不會亂添加任何調味料，所以吃不完的可以冰起來，要享用時可以再放到油鍋裡炸，或者放入烤箱或微波爐處理即可，趁熱吃，美味依舊。但提醒您，油炸品一次不要吃太多，以免增加身體負擔。

豬血湯

豬血湯算是台灣傳統小吃中，相當具特色的一道路邊攤美食。它不只好吃，其營養更是所向披靡。豬血中的血漿蛋白經過胃酸和消化液分解後，能產生一種有潤腸及解毒作用的物質。這種物質可與黏附於胃腸壁的粉塵、有害金屬微粒等產生化學反應，從而使這些有害物排出體外。因此常喝豬血湯，有幫助體內排出髒東西的好處。除此之外，食用豬血可防治缺鐵性貧血。豬血中還含有一定量的卵磷脂，對防治老年性痴呆也很有好處。

提到豬血湯，就不可以忘記它的配料——韭菜。韭菜素有「起陽草」之稱，從名字上來看，就不難知道對於男性性功能有相當的功效，與「威而剛」的效果相比，真是不遑多讓啊！韭菜中除了含有蛋白質、脂肪、碳水化合物之外，也富含胡蘿蔔素與維生素C。此外，還有鈣、磷、鐵等礦物質，可說營養多多。

韭菜更具備了豐富的纖維素，能夠增強腸胃的蠕動，對預防便秘也有極佳的效果。根據醫學報導，韭菜成份中的揮發性精油及含硫化合物，可刺激免疫細胞的增生，有助於提高人體免疫力，抑制癌細胞生長。它同時能減少血液中的凝塊，更具降低血壓、血脂的作用，所以食用韭菜對高血脂及冠心病患者頗有好處。

另外，在「溫補肝腎、助陽固精」的藥用價值上也很突出，平常可以嘗試用新鮮的韭菜、雞蛋（或蝦仁），加上少許油和鹽炒熟，就是一道日常的益性好菜。

豬血湯

◀ 老闆，
古朝禎先生

早年只賣豬血湯，經過巧思變化後，目前還多了可以選擇辣度的麻辣鴨血，讓顧客可以享受這既Q且軟的上等鴨血。我的滷小菜也相當有名，像是豬血湯中的大腸每天花兩個小時滷製哷！

因為好吃，所以賺錢

昌吉豬血湯

地址：台北市昌吉街46號
電話：（02）2596-1640

製作方式

昌吉豬血湯的古老闆透露，新鮮豬血應該是呈咖啡色狀態，而韭菜最好選用經過專業栽培的，因為有一定的品質要求吃起來口感才棒。至於香料，由於是採用由南洋空運來台的品種，所以都會親自走一趟應有盡有的迪化街南北貨來試試。

材料

1.新鮮熟豬血
2.韭菜
3.酸菜
4.特殊沙茶醬
5.南洋香料
6.大骨

前製處理

1.新鮮豬血用約100度的熱水洗淨後切塊,冷
　藏約4小時。
2.韭菜、酸菜洗淨切片。

豬血湯

1 大骨熬煮湯頭，以小火慢慢熬煮約1個半小時。加入香料調味，再以小火熬煮約半小時即成高湯底。

2 將切好的豬血加入熬好的高湯中加熱。

3 要吃的時候依照個人口味加入適當的韭菜。

4 再加入適當的酸菜。

5 淋上南洋配方的沙茶醬，以增添其香氣和美味。

6 加入適當的豬血，淋上豬血湯。

7 香Q的豬血，加上精心熬製的高湯與營養十足的韭菜，這樣的組合就是一道令人吃過就難以忘懷的美味。

獨 家 祕 方

1. 完美無瑕、口感極佳至恰到好處的豬血，搭上高品質的酸菜，以及南洋風味的獨家香料，就是讓豬血湯十足好吃的原因所在。

2. 另外，酸菜在豬血湯中的地位也是不容忽視，用約100度熱湯淋上酸菜，可激發酸菜的天然味道，因此豬血湯還是熱熱的喝最好！

珍珠奶茶

說到台灣聞名國際的小吃，非珍珠奶茶莫屬。近十多年來，珍珠奶茶從台灣流行至香港、中國大陸、東南亞、日本和美國等地，而且多數都由台灣人開設。

珍珠奶茶的由來有兩種說法。一說是由台中「春水堂」的劉漢介先生所發明；另一說法則是由台南「翰林茶館」的涂宗和先生所開發。然而，這兩間飲料店皆未成功申請到專利權或商標權，使得珍珠奶茶成為台灣最具代表性的國民飲料。

珍珠奶茶的「珍珠」實際上是由地瓜粉製成，即所謂的粉圓。它在加入奶茶之前，通常會先浸泡在糖水中，以確保其甜味。而奶茶通常以紅茶為基底，加入粉末奶精後調拌而成，不過也有店家使用綠茶來做成所謂的珍珠奶綠。

早期的珍珠奶茶誕生於泡沫紅茶店，多半強調奶茶必須新鮮現搖。不過自從連鎖式的茶飲店出現後，為了口味、管理與加快製作速度，不少連鎖店會事先調好奶茶，待客人點購時再加入粉圓搖勻。然而，這種事先調好的口味與傳統現搖的奶茶會有落差，因此有部份愛好者堅持喝現調的珍珠奶茶。

至於珍珠奶茶採用的奶精種類通常是粉狀奶精，由於粉狀奶精熱量較高，加上以地瓜粉做的珍珠也具有相當高的熱量，於是營養師也指出，一杯500cc珍珠奶茶的熱量，相當於一個排骨便當的熱量，所以不宜經常飲用。然而，也就是健康的因素，近年來有業者推出以鮮奶取代奶精製成所謂的「鮮奶茶」，這種鮮奶茶的口感及口味也與一般傳統奶茶有所不同。

珍珠奶茶

我來介紹

◀老闆，
胡明壽先生

珍珠奶茶杯杯現調，客人一買就是幾10杯，要吃新鮮，只能耐心等待囉。

因為好吃，所以賺錢

地址：台北縣中和市景新街410巷3號（景興夜市）
電話：02-29417099
營業時間：15:30—凌晨01:00
公休日：除夕、颱風天

製作方式

材料

（1人份的材料份量）
茶葉.................................適量
粉圓.............................約10兩
奶精.................................適量
果糖.........................（黑糖）適量

前製處理

1、下鍋煮粉圓，時間依天候及經驗決定。

2、接著熄火燜熟，再浸泡於冷水中，使粉圓Q度更佳。

3、茶葉先過冷水清洗一下，再放入熱水裡沖泡。

珍珠奶茶

製作步驟

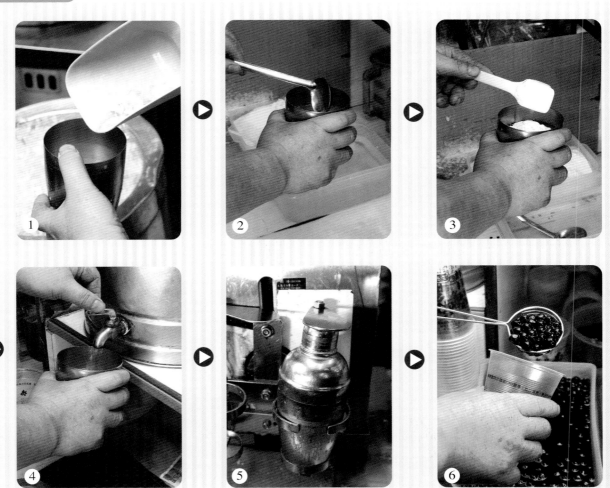

⑦

1 在調杯中加入適量冰塊。

2 再加入果糖、奶精粉。

3 加入泡好的茶水。

4 放上搖搖機搖晃一會即可。

5 在外帶杯中放入粉圓,加入搖好的奶茶後即可享用。

獨 家 祕 方

1. 粉圓要好吃,煮的時間和火候是關鍵所在,而煮粉圓時使用果糖,而非一般的黑糖,濃郁的茶香不會讓黑糖蓋過。雖然每家原料供應商都會教導店家煮粉圓的方式和技巧,但老闆其實不會照著做,而會依照自身的經驗來判斷。因為每批粉圓的品質、烹煮的天氣都不相同,因此不可能有所謂的標準烹煮時間,這些完全憑經驗。

2. 若在家要DIY做珍珠奶茶,粉圓可買現成的。茶水的差異通常不大,讓奶茶好喝的訣竅其實在奶精上。

路邊攤。排隊美食Diy

作　　者　大都會文化 編輯部

發 行 人　林敬彬
主　　編　楊安瑜
編　　輯　蔡穎如
美術編輯　洸譜創意設計
封面設計　洸譜創意設計

出　　版　大都會文化事業有限公司
　　　　　行政院新聞局北市業字第89號
發　　行　大都會文化事業有限公司
　　　　　110台北市信義區基隆路一段432號4樓之9
　　　　　讀者服務專線：（02）27235216
　　　　　讀者服務傳真：（02）27235220
　　　　　電子郵件信箱：metro@ms21.hinet.net
　　　　　網　　　　址：www.metrobook.com.tw

郵政劃撥　14050529　大都會文化事業有限公司
出版日期　2007年3月初版一刷
定　　價　220元

ISBN 13　978-986-7651-98-3
書　　號　DIY-006

國家圖書館出版品預行編目資料

路邊攤排隊美食DIY / 大都會文化編輯部著 --
初版. -- 臺北市：大都會文化, 2007[民96]
面；　公分. -- (DIY；6)
ISBN 987-986-7651-98-3(平裝)
食譜 - 台灣

427.11　　　　　　　　　　96001572

First published in Taiwan in 2007 by Metropolitan Culture Enterprise Co., Ltd.
4F-9, Double Hero Bldg., 432, Keelung Rd., Sec. 1, Taipei 110, Taiwan
Tel:+886-2-2723-5216　Fax:+886-2-2723-5220
E-mail:metro@ms21.hinet.net
Web-site:www.metrobook.com.tw

大都會文化圖書目錄

● 度小月系列

路邊攤賺大錢【搶錢篇】	280元	路邊攤賺大錢2【奇蹟篇】	280元
路邊攤賺大錢3【致富篇】	280元	路邊攤賺大錢4【飾品配件篇】	280元
路邊攤賺大錢5【清涼美食篇】	280元	路邊攤賺大錢6【異國美食篇】	280元
路邊攤賺大錢7【元氣早餐篇】	280元	路邊攤賺大錢8【養生進補篇】	280元
路邊攤賺大錢9【加盟篇】	280元	路邊攤賺大錢10【中部搶錢篇】	280元
路邊攤賺大錢11【賺翻篇】	280元	路邊攤賺大錢12【大排長龍篇】	280元

● DIY系列

路邊攤美食DIY	220元	嚴選台灣小吃DIY	220元
路邊攤超人氣小吃DIY	220元	路邊攤紅不讓美食DIY	220元
路邊攤流行冰品DIY	220元	路邊攤排隊美食DIY	220元

● 流行瘋系列

跟著偶像FUN韓假	260元	女人百分百─男人心中的最愛	180元
哈利波特魔法學院	160元	韓式愛美大作戰	240元
下一個偶像就是你	180元	芙蓉美人泡澡術	220元
Men力四射─型男教戰手冊	250元	男體使用手冊─35歲+♂保健之道	250元

● 生活大師系列

遠離過敏		這樣泡澡最健康	
─打造健康的居家環境	280元	─紓壓・排毒・瘦身三部曲	220元
兩岸用語快譯通	220元	台灣珍奇廟─發財開運祈福路	280元
魅力野溪溫泉大發見	260元	寵愛你的肌膚─從手工香皂開始	260元
舞動燭光		空間也需要好味道	
─手工蠟燭的綺麗世界	280元	─打造天然相氛的68個妙招	260元
雞尾酒的微醺世界		野外泡湯趣	
─調出你的私房Lounge Bar風情	250元	─魅力野溪溫泉大發見	260元
肌膚也需要放輕鬆		辦公室也能做瑜珈	
─倘佯天然風的43項舒壓體驗	260元	─上班族的紓壓活力操	200元
別再說妳不懂車		一國兩字	
─男人不教的Know How	249元	─兩岸用語快譯通	200元
宅典	288元		

● 寵物當家系列

Smart養狗寶典	380元	Smart養貓寶典	380元
貓咪玩具魔法DIY		愛犬造型魔法書	
─讓牠快樂起舞的55種方法	220元	─讓你的寶貝漂亮一下	260元
我的陽光・我的寶貝─寵物真情物語	220元	漂亮寶貝在你家─寵物流行精品DIY	220元
我家有隻麝香豬─養豬完全攻略	220元	Smart養狗寶典（平裝版）	250元
生肖星座招財狗	200元	Smart養貓寶典（平裝版）	250元

●人物誌系列

現代灰姑娘	199元	黛安娜傳	360元
船上的365天	360元	優雅與狂野—威廉王子	260元
走出城堡的王子	160元	殞逝的英格蘭玫瑰	260元
貝克漢與維多利亞		幸運的孩子	
—新皇族的真實人生	280元	—布希王朝的真實故事	250元
瑪丹娜—流行天后的真實畫像	280元	紅塵歲月—三毛的生命戀歌	250元
風華再現—金庸傳	260元	俠骨柔情—古龍的今生今世	250元
她從海上來—張愛玲情愛傳奇	250元	從間諜到總統—普丁傳奇	250元
脫下斗篷的哈利—丹尼爾・雷德克里夫	220元	蛻變—章子怡的成長紀實	260元
強尼戴普		棋聖 吳清源	280元
—可以狂放叛逆，也可以柔情感性	280元		

●心靈特區系列

每一片刻都是重生	220元	給大腦洗個澡	220元
成功方與圓—改變一生的處世智慧	220元	轉個彎路更寬	199元
課本上學不到的33條人生經驗	149元	絕對管用的38條職場致勝法則	149元
從窮人進化到富人的29條處事智慧	149元	成長三部曲	299元
心態		當成功遇見你	
—成功的人就是和你不一樣	180元	—迎向陽光的信心與勇氣	180元
改變，做對的事	180元	智慧沙	199元
課堂上學不到的100條人生經驗	199元	不可不防的13種人	199元

●SUCCESS系列

七大狂銷戰略	220元	打造一整年的好業績—店面經營的72堂課	200元
超級記憶術		管理的鋼盔	
—改變一生的學習方式	199元	—商戰存活與突圍的25個必勝錦囊	200元
搞什麼行銷		精明人聰明人明白人	
—152個商戰關鍵報告	220元	—態度決定你的成敗	200元
人脈=錢脈		搜精・搜驚・搜金	
—改變一生的人際關係經營術	180元	—從Google的致富傳奇中，你學到了什麼？	199元
搶救貧窮大作戰の48條絕對法則	220元	週一清晨的領導課	160元
殺出紅海		客人在哪裡？	
—漂亮勝出的104個商戰奇謀	220元	—決定你業績倍增的關鍵細節	200元
絕對中國製造的58個管理智慧	200元	商戰奇謀36計—現代企業生存寶典	180元
商戰奇謀36計—現代企業生存寶典 II	180元	商戰奇謀36計—現代企業生存寶典 III	180元
幸福家庭的理財計畫	250元	巨賈定律— 商戰奇謀36計	498元
有錢真好！—輕鬆理財的10種態度	200元	創意決定優勢	180元

●都會健康館系列

秋養生—二十四節氣養生經	220元	春養生—二十四節氣養生經	220元
夏養生—二十四節氣養生經	220元	冬養生—二十四節氣養生經	220元
春夏秋冬養生套書	699元	寒天—０卡路里的健康瘦身新主張	200元
地中海纖體美人湯飲	220元		

●CHOICE系列

入侵鹿耳門	280元	蒲公英與我—聽我說說畫	220元
入侵鹿耳門（新版）	199元	舊時月色（上輯＋下輯）	各180元
清塘荷韻	280元	飲食男女	200元

●FORTH系列

印度流浪記—滌盡塵俗的心之旅	220元	胡同面孔—古都北京的人文旅行地圖	280元
尋訪失落的香格里拉	240元	今天不飛—空姐的私旅圖	220元
紐西蘭奇異國	200元	從古都到香格里拉	399元
馬力歐帶你瘋台灣	250元	瑪杜莎艷遇鮮境	180元

●大旗藏史館

大清皇權遊戲	250元	大清后妃傳奇	250元
大清宦官沉浮	250元	大清才子命運	250元
開國大帝	220元		

●大都會運動館

野外求生寶典—活命的必要裝備與技能	260元	攀岩寶典—安全攀登的入門技巧與實用裝備	260元

●大都會休閒館

賭城大贏家—逢賭必勝祕訣大揭露	240元	旅遊達人—行遍天下的109個Do＆Don,t	250元
萬國旗之旅—輕鬆成為世界通	240元		

●BEST系列

人脈＝錢脈—改變一生的人際關係經營術（典藏精裝版）	199元

●FOCUS系列

中國誠信報告	250元	中國誠信的背後	250元
誠信—中國誠信報告	250元		

●禮物書系列

印象花園 梵谷	160元	印象花園 莫內	160元
印象花園 高更	160元	印象花園 竇加	160元
印象花園 雷諾瓦	160元	印象花園 大衛	160元
印象花園 畢卡索	160元	印象花園 達文西	160元
印象花園 米開朗基羅	160元	印象花園 拉斐爾	160元
印象花園 林布蘭特	160元	印象花園 米勒	160元
絮語說相思 情有獨鍾	200元		

●工商管理系列

二十一世紀新工作浪潮	200元	化危機為轉機	200元
美術工作者設計生涯轉轉彎	200元	攝影工作者快門生涯轉轉彎	200元

企劃工作者動腦生涯轉轉彎	220元	電腦工作者滑鼠生涯轉轉彎	200元
打開視窗說亮話	200元	文字工作者撰錢生活轉轉彎	220元
挑戰極限	320元	30分鐘行動管理百科（九本盒裝套書）	799元
30分鐘教你自我腦內革命	110元	30分鐘教你樹立優質形象	110元
30分鐘教你錢多事少離家近	110元	30分鐘教你創造自我價值	110元
30分鐘教你Smart解決難題	110元	30分鐘教你如何激勵部屬	110元
30分鐘教你掌握優勢談判	110元	30分鐘教你如何快速致富	110元
30分鐘教你提昇溝通技巧	110元		

● 精緻生活系列

女人窺心事	120元	另類費洛蒙	180元
花落	180元		

● CITY MALL系列

別懷疑！我就是馬克大夫	200元	愛情詭話	170元
唉呀！真尷尬 200元		就是要賴在演藝圈	180元

● 親子教養系列

孩童完全自救寶盒（五書+五卡+四卷錄影帶）3,490元（特價2,490元）		天才少年的5種能力	280元
孩童完全自救手冊—這時候你該怎麼辦（合訂本）			299元
我家小孩愛看書—Happy學習easy go！	220元		
哇塞！你身上有蟲！—			
學校忘了買？老師不敢教？史上最髒的科學書	250元		

◎關於買書：

1、大都會文化的圖書在全國各書店及誠品、金石堂、何嘉仁、搜主義、敦煌、紀伊國屋、諾貝爾等連鎖書店均有販售，如欲購買本公司出版品，建議你直接洽詢書店服務人員以節省您寶貴時間，如果書店已售完，請撥本公司各區經銷商服務專線洽詢。

北部地區：(02)29007288　桃竹苗地區：(03)2128000
中彰投地區：(04)27081282
雲嘉地區：(05)2354380　臺南地區：(06)2642655
高雄地區：(07)3730079　屏東地區：(08)7376441

2、到以下各網路書店購買：
大都會文化網站（http://www.metrobook.com.tw）
博客來網路書店（http://www.books.com.tw）
金石堂網路書店（http://www.kingstone.com.tw）

3、到郵局劃撥：
戶名：大都會文化事業有限公司　帳號：14050529

4、親赴大都會文化買書可享8折優惠。

路邊攤 排隊美食Diy

北 區 郵 政 管 理 局
登記證北台字第9125號
免 貼 郵 票

大都會文化事業有限公司
讀者服務部收

110 台北市基隆路一段432號4樓之9

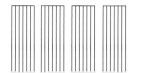

大都會文化　讀者服務卡

書號：DIY-006　　書名：路邊攤排隊美食DIY

謝謝您購買本書，也歡迎您加入我們的會員，請上大都會文化網站www.merobook.com.tw登錄您的資料，您將會不定期收到最新圖書優惠資訊及電子報。

A.您在何時購得本書：_____年_____月_____日

B.您在何處購得本書：_____書店，位於_____(市、縣)

C.您購買本書的動機：（可複選）1.□對主題或內容感興趣　2.□工作需要　3.□生活需要4.□自我進修　5.□內容為流行熱門話題
　　6.□其他_____

D.您最喜歡本書的：（可複選）1.□內容題材　2.□字體大小　3.□翻譯文筆　4.□封面　5.□編排方式　6.□其他

E.您認為本書的封面：1.□非常出色　2.□普通　3.□毫不起眼　4.□其他_____

F.您認為本書的編排：1.□非常出色　2.□普通　3.□毫不起眼　4.□其他_____

G.您希望我們出版哪類書籍：（可複選）1.□旅遊　2.□流行文化　3.□生活休閒　4.□美容保養　5.□散文小品　6.□科學新知
　　7.□藝術音樂　8.□致富理財　9.□工商企管　10.□科幻推理11.□史哲類　12.□勵志傳記　13.□電影小說
　　14.□語言學習（____語）
　　15.□幽默諧趣　16.□其他_____

H.您對本書(系)的建議：
_____

I. 您對本出版社的建議：
_____

★讀者小檔案★

姓名：_____　性別：□男　□女　生日：____年____月____日

年齡：1.□20歲以下 2.□21—30歲 3.□31—50歲 4.□51歲以上

職業：1.□學生 2.□軍公教 3.□大眾傳播 4.□服務業 5.□金融業 6.□製造業 7.□資訊業 8.□自由業 9.□家管 10.□退休
　　　11.□其他_____

學歷：□國小或以下 □國中 □高中／高職 □大學／大專 □研究所以上

通訊地址：_____

電話：（H）_____（O）_____傳真：_____

行動電話：_____　E-Mail：_____

＊謝謝您購買本書，也歡迎您加入我們的會員。請上大都會文化網站 www.metrobook.com.tw 登錄您的資料，您將不定期收到最新圖書優惠資訊和電子報。

DIY 系列

大都會文化
METROPOLITAN CULTURE

DIY 系列

大都會文化
METROPOLITAN CULTURE